Comprendre l'environnement et le réchauffement climatique

Guide pour la sauvegarde de la planète à l'usage du citoyen

Une étude du Cabinet Géo-Ecostrapol

Comprendre l'environnement et le réchauffement climatique

Guide pour la sauvegarde de la planète à l'usage du citoyen

L'Harmattan-Congo

5-7, rue de l'Ecole polytechnique ; 75005 Paris

http://www.librairieharmattan.com
diffusion.harmattan@wanadoo.fr
harmattan1@wanadoo.fr

ISBN : 978-2-296-09712-4
EAN : 9782296097124

Préface

Le changement climatique a déjà des conséquences dramatiques: catastrophes humanitaires, inondations, tremblement de terre etc. Les effets du réchauffement climatique n'épargnent aucune région du monde, ni aucun pays.

Les principales victimes sont et seront les populations déjà les plus vulnérables et les pays les plus pauvres où stress hydrique, insécurité alimentaire, exodes, atteintes aux droits de l'homme risquent de se multiplier dans un futur proche.

Selon le quatrième rapport d'évaluation du Groupe Intergouvernemental des Experts sur le Climat (GIEC), d'ici à 2030, les premiers effets du changement climatique seront manifestes dans la plupart des pays de l'Afrique subsaharienne. Le Kenya et la majorité des pays de la Corne de l'Afrique sont très exposés aux risques du changement climatique.[1] Avec l'assèchement

[1] Richard ODINGO, Stratégies de lutte contre les menaces climatiques pesant sur l'économie Kényane, dans *Perspectives sur les changements climatiques,* ejournal USA, (journal électronique

des cours d'eau et la disparition des glaciers du mont Kenya, l'eau requise pour la production électrique ne sera plus au rendez-vous. La chute des rendements agricoles attribuable aux sécheresses est une autre source de préoccupation majeure[2].

Les pays industrialisés ne sont nullement à l'abri puisque sécheresses, tempêtes, troubles marés et océaniques attendent à l'horizon. L'Allemagne, le Brésil, le Canada, la Chine, les Etats-Unis, l'Inde et la Russie ressentent déjà les effets du réchauffement climatique. L'Inde est exposée aux dangers de la montée du niveau de la mer et d'événements météorologiques extrêmes.[3]

Sans vouloir jouer les mauvais prophètes, un nouveau conflit mondial n'est pas à exclure si l'on tient compte de l'enjeu géopolitique et géostratégique que représentent désormais les banquises pour l'accès à l'océan Arctique. En effet, la fonte des glaces polaires arctiques va ouvrir – si ce n'est déjà fait- de nouvelles routes commerciales pour les navires, et rendrait accessibles des ressources sous-marines (pétrole, matières premières diverses), mais avec des conséquences néfastes sur nombre d'espèces, comme

---

du Département d'Etat des Etats-Unis)volume 14, N°9, septembre 2009, p.36

[2] Richard Odingo, op-cit.

[3] Rajendra PACHAURI, Président du GIEC, la position de l'Inde sur les changements climatiques à l'échelle mondiale, dans perspectives sur les changements climatiques, op-cit. p.29

le plancton[4] ou les poissons à haute valeur commerciale.

Ces matières premières présentes dans des zones désormais accessibles risquent d'être source de conflits entre pays riverains de l'océan Arctique. Déjà, les États-Unis et le Canada, ont protesté lorsque, le 2 août 2007, la Russie a planté son drapeau au fond de l'océan sous le pôle Nord[5].

Au-delà des débats scientifiques et sociétaux, des enjeux économiques et géostratégiques, le changement climatique se révèle être une question de « santé publique » ou de survie collective. Mais la sauvegarde de la planète est aussi une préoccupation individuelle avant d'être globale. Le réchauffement climatique met en danger la vie de chacun de nous avant de détruire la planète entière. Les citoyens devraient être au fait de ces questions pour qu'ils jouent leur rôle dans la lutte contre le réchauffement de la planète.

Les peuples, hélas ! sont toujours en retard d'une décennie, sinon plus, sur les grands problèmes politiques contemporains et les grandes menaces internationales. Par exemple, le virus du sida a été découvert en 1981, les premiers programmes de lutte contre la pandémie ont été initiés par les

---

[4] Ensemble des êtres vivants, de petite taille, en suspension dans les eaux marines et douces, incapables de se déplacer activement (dictionnaire Hachète 2009)

[5] http://fr.wikipedia.org/wiki/ réchauffement climatique note-137

gouvernements de différents pays cinq ans plus tard. Pourtant, c'est après 1995, que les citoyens ont commencé à prendre au sérieux la menace. Il a fallu attendre les années 2000 pour parvenir enfin à une véritable synergie entre les dirigeants et les peuples dans la lutte contre la maladie.

La sauvegarde de l'environnement connaît sensiblement le même processus de retard : la Convention Cadre des Nations Unies sur les Changements Climatiques (CCNUCC), adoptée en Afrique du Sud, est ouverte à ratification depuis 1992.

Ratifié par 184 pays[6], ce premier traité international de lutte contre les changements climatiques est entré en vigueur en 2005. Malgré tout, les peuples ne semblent pas être parvenus à établir le lien entre la menace qui prend un caractère global, et le risque auquel s'expose chacun de nous si nous ne changeons pas notre mode de vie. Voilà pourquoi le Cabinet Géo-Ecostrapol, qui s'est donné pour mission de réfléchir sur les défis auxquels est confrontée l'Afrique, s'invite dans une campagne de vulgarisation qui permettra au citoyen lambda de comprendre le risque humanitaire qui pointe à l'horizon.

Ce petit manuel - rédigé en français facile sous forme de questions/réponses - et la campagne de vulgarisation qui suivra permettront de faire

---

[6] État de la ratification, http//unfccc.int/files/kyoto-protocol/status_of ratification

comprendre aux jeunes et aux autres citoyens que les effets du réchauffement climatique n'épargnent personne. Il permet, en outre, d'interpeller les décideurs sur trois points essentiels :

1- Le rôle capital que joue l'Afrique dans la régulation climatique et la sauvegarde de la biodiversité mondiale au travers de l'importance du bassin du Congo et d'autres réserves africaines ;

2- La nécessité d'une nouvelle politique de coopération avec l'Afrique en s'appuyant sur les Mécanismes de Développement Propre et le Mécanisme REDD ;

3- L'intérêt de rendre moins élitiste le programme de sauvegarde de l'environnement ;

La décision à prendre au niveau global doit donc l'être en connaissance de cause. Les dirigeants qui se rendront à Copenhague doivent en avoir une pleine conscience car comme le dit si bien Todd Stern, « le statu quo n'est pas soutenable ».[7]

Anatole Collinet MAKOSSO
Directeur Exécutif de Géo-Ecostrapol

---

[7] Envoyé Spécial du département d'Etat des Etats-Unis pour les changements climatiques, Todd Stern joue un rôle de premier plan dans l'élaboration de la politique étrangère américaine relative au climat.

Ont participé à l'élaboration de cette étude

Anatole Collinet MAKOSSO
Ludovic Séraphin MPILI
Michel MONGO
Bienvenu Arsène LOEMBE
Méthode GOMA
Eddie TAMBWE
Francky LOEMBA
Marcel POATY
Jean TCHIVIKA
Aurélie MAKOSSO
Jackson Darius MACKIOZI BANTSIMBA
André MOUANGA NZINGOULA
Annick GOMA
Elsa NZOU MAVOUNGOU
Eulalie BETY

1-Qu'est ce que l'écologie ?

L'écologie a trois définitions.

La première est étymologique : le mot écologie vient du grec *Oikos*, qui signifie maison, habitat et *"logos"*, qui signifie science, connaissance. On en déduit donc sur le plan étymologique que l'écologie est la science de l'habitat, autrement dit la science qui étudie la relation des êtres vivants avec leur environnement[8].

La deuxième définition de l'écologie est liée aux préoccupations environnementales relatives aux évolutions climatiques, à la dégradation du cadre de vie local ou planétaire, qu'elles soient dues à la pollution, au réchauffement climatique ou aux activités de l'homme. Cette utilisation du mot écologie vient de la naissance des mouvements écologiques dans les années 1960[9].

Dans ce sens l'écologie prend en compte l'action de l'homme sur son environnement afin d'en limiter les conséquences négatives et destructrices : pollution, destruction des écosystèmes, effet de serre, réchauffement de la planète, déforestation ...

---

[8] Le petit Larousse illustré, 2006

[9]http://www.teteamodeler.com/ecologie/ecologie/definition-ecologie.asp L'écologie c'est quoi ? une définition de l'écologie

La définition généralement admise est que l'écologie est la science qui étudie :

- Les conditions d'existence des êtres vivants
- Les interactions et relations existant entre les êtres vivants. Les interactions entre les êtres vivants et leur milieu = les écosytèmes[10]

L'écologie est donc la science qui étudie les relations des êtres vivants dans leur environnement.

2- Qu'est ce que l'environnement ?

L'environnement est un ensemble constitué à la fois des êtres vivants existant dans le milieu naturel et des éléments non vivants qui le composent, comme le sol, l'eau, l'atmosphère.

3-Qu'est ce que l'Ecosystème ?

En écologie, un écosystème désigne l'ensemble formé par une association ou communauté d'êtres vivants et son environnement géologique, pédologique[11] et atmosphérique. Les éléments constituant un écosystème développent un réseau d'interdépendances permettant le maintien et le

---

[10]http://www.teteamodeler.com/ecologie/ecologie/definition-ecologie.asp, op-cit.

[11]Pédologique est un néologisme construit à partir du mot pédologie qui signifie science qui étudie les sols, leurs évolutions, leurs caractères chimiques, physiques et biologiques.

développement de la vie. En termes clairs, l'écosystème désigne les êtres vivants et les rapports qu'ils développent dans leur milieu naturel. A ce titre, une forêt, un lac et un champ cultivé peuvent être considérés comme des écosystèmes[12]

4 -Qu'est ce que la biodiversité ?

Bio signifie vie et diversité veut dire variété. La diversité biologique ou biodiversité, représente l'ensemble des espèces vivantes présentes sur la Terre (plantes, animaux, micro-organismes, etc.), les communautés formées par ces espèces et les habitats dans lesquels elles vivent.

Le maintien de la biodiversité est une composante essentielle du développement durable. La diversité biologique comporte trois aspects :

- La diversité génétique ;
- La diversité spécifique ;
- La diversité ecosystémique.

L'industrie pharmaceutique est l'une des premières bénéficiaires de la biodiversité. De nombreux principes actifs des médicaments ont été mis au point à partir des molécules provenant des différentes variétés des espèces vivantes.

[12] Le petit Larousse illustré, 2006

5 -Que veut dire « gestion durable des forêts » ?

La gestion durable des forêts est un mode de gestion forestière qui fixe des critères, indicateurs et objectifs sociaux et environnementaux en plus des objectifs économiques, à la gestion forestière. Elle entre dans le cadre du développement durable et signifie pour la FAO[13] « la gestion et l'utilisation des forêts et des terrains boisés d'une manière et à une intensité telles qu'elles maintiennent leur diversité biologique, leur productivité, leur capacité de régénération, leur vitalité et leur capacité à satisfaire, actuellement et pour le futur, les fonctions écologique, économique et sociale pertinentes aux niveaux local, national et mondial et qu'elles ne causent pas des préjudices à d'autres écosystèmes »

6- Qu'est ce que la Déforestation?

La déforestation est le phénomène de régression des surfaces couvertes de forêts. Elle résulte des actions de déboisement puis de défrichement liées à l'extension des terres agricoles ; d'une exploitation excessive ou anarchique de certaines essences forestières, et de l'urbanisation.

La déforestation concerne actuellement les forêts tropicales. Elle serait responsable de 18 à 20% des émissions de gaz à effet de serre. C'est un des éléments importants qui causent le réchauffement climatique.

---

[13] FAO : Organisation des Nations Unies pour l'Alimentation et l'Agriculture

7- Qu'est ce que la désertification ?

La désertification est un phénomène naturel ou non qui a pour origine des variations climatiques et/ou les conséquences d'activités humaines ; ce mot désigne une aridification[14] locale, reflétant la dégradation des terres menant à des conditions biotiques[15] de type désertique. C'est un processus de dégradation des sols qui peut avoir lieu dans des zones arides, semi arides et subhumides sèches, à l'exclusion des déserts (hyperarides)[16].

Ce phénomène représente une grande catastrophe naturelle à long terme. La désertification est amplifiée par le réchauffement de la planète, et par l'extension des activités humaines telles que l'irrigation, l'industrialisation, le tourisme et le surpâturage (au Sahel notamment)

8- Qu'est ce que la conservation ?

La conservation est la gestion active des ressources biologiques pour le plus grand profit des générations présentes tout en maintenant le potentiel de satisfaction des besoins des générations futures. Contrairement à la préservation, la conservation assure le maintien à long terme des communautés naturelles

[14] Manque ou perte d'humidité

[15] Se dit d'un facteur écologique lié aux êtres vivants (par opposition à abiotique qui désigne le sol, l'air, l'eau, etc).

[16] http://fr.wikipedia.org/wiki/D%C3%A9sertification

dans des conditions qui permettent à l'évolution de se poursuivre.

Concernant la forêt, la production de biens et services et la conservation de la diversité biologique des écosystèmes forestiers, exige des actions concrètes à tous les niveaux. Il est indispensable que des politiques et des stratégies nationales, entre autres, visent à consacrer une superficie forestière optimale à la conservation, ainsi qu'à la production durable de biens et de services, et indiquent les mesures propices à la conservation des forêts. Les mesures à long terme peuvent comprendre le rétablissement et la recréation des vieilles forêts et des forêts primaires.

L'accroissement du couvert forestier doit être considéré comme une mesure proactive à prendre pour freiner et renverser la tendance actuelle au recul et à la dégradation des forêts.

9- Qu'entend-on par dégradation des forêts ?

On estime qu'au début du XVIIIe siècle, les forêts couvraient les 4/5 de la planète. Environ la moitié se trouvait dans des régions tropicales, et l'autre moitié, dans des régions boréales et tempérées. Au milieu du XIXe siècle, le couvert forestier mondial était passé à 3,9 milliards d'ha, soit 30 % de la zone continentale de la planète, à cause du déboisement.

La diminution et la dégradation des forêts du globe sont des motifs d'inquiétude, car, outre qu'elles impliquent la perte des zones forestières, elles influent en définitive sur la qualité des forêts. Si on n'enraye pas cette tendance, les répercussions seront catastrophiques pour la planète.

10- Qu'est ce que les aires protégées ?

Les aires protégées se définissent comme des zones dédiées à la protection de la biodiversité et des ressources naturelles et culturelles. Ces zones doivent être définies de manière légale, ou par tout autre moyen. La création d'une aire protégée implique que le législateur ait une idée suffisamment précise de la motivation du classement, l'intégrant dans une perspective plus large de développement.

Dans le cas de l'Afrique Centrale par exemple, le concept d'aire protégée eut pour premier objectif de préserver la grande faune des dramatiques prélèvements qui suivirent l'arrivée des Européens sur le continent. L'aire protégée est aujourd'hui le principal outil de la conservation dans cette sous région.

11- Combien de catégories d'aires protégées connaît-on ?

L'Alliance internationale pour la nature reconnaît plusieurs catégories d'aires protégées, reflétant chacune un niveau de prélèvement et d'activités autorisées. On retrouve dans les législations nationales, parfois sous des noms différents, ces catégories dont la caractéristique principale est de déterminer une finalité à l'aire protégée.

Les principales sont :

- **Le bien du patrimoine mondial.**

  Ce statut est accordé à une aire qui vise à protéger les éléments naturels d'un site d'importance internationale exceptionnelle. Ce statut est généralement octroyé par l'Unesco ;

- **Le monument naturel.**

Il est attribué à des sites spécifiques présentant des qualités exceptionnelles aux fins de préservation. Ce sont souvent des aires protégées de petite superficie, où la protection est axée sur un élément spécifique.

- **Le parc national.**

Il protège des régions naturelles et des paysages exceptionnels à des fins scientifiques, éducatives, et récréatives. Généralement, les superficies des parcs nationaux sont relativement vastes et toute exploitation extractive y est prohibée.

- **Les paysages protégés.**

Ils sont crées pour le maintien de la jouissance (à travers le tourisme) de paysages naturels caractéristiques de l'interaction harmonieuse entre l'homme et la nature. Les modes traditionnels d'utilisation des terres y sont maintenus.

- **La région naturelle.**

Elle est aménagée à des fins d'utilisation multiple impliquant un objectif de conservation tourné vers le soutien à des activités économiques.

- **La réserve naturelle intégrale.**

Le statut de réserve naturelle intégrale implique que l'on protège la nature et les processus naturels dans un état non perturbé, afin de conserver des exemples représentatifs du milieu dans un état dynamique et évolutif.

- **La réserve naturelle dirigée ou le sanctuaire faune.**

Elle a pour objectif de maintenir des conditions naturelles nécessaires pour protéger des espèces ou des communautés biologiques d'importance nationale. Cet objectif peut nécessiter l'intervention de l'homme. Un prélèvement contrôlé peut y être autorisé.

- **La réserve de ressources naturelles.**

Elle a pour objectif de protéger les ressources naturelles d'une région pour une utilisation future (cas de la réserve forestière)

- **La réserve Biosphère.**

Son objectif principal est de conserver la diversité et l'intégrité des communautés animales et végétales en vue d'une utilisation présente et future. Les aires protégées bénéficiant de ce statut ont une vocation de recherche, d'éducation et de formation. Ce statut est octroyé par les instances internationales.

12 - **Qu'est ce que l'Aménagement durable ?**

L'Aménagement durable peut se définir comme étant l'aménagement des forêts permanentes en vue d'objectifs clairement définis concernant la production soutenue des biens et services désirés, sans porter atteinte à leur valeur intrinsèque ni compromettre leur productivité future, et sans susciter d'effets indésirables sur l'environnement physique et social.

13 - Qu'est ce que la pollution ?

La pollution désigne la dégradation de l'environnement par l'introduction, généralement humaine, de substances ou de radiations, entraînant une perturbation plus ou moins importante de l'écosystème. Elle peut aussi avoir pour cause un phénomène géologique comme une éruption volcanique.

La pollution d'origine humaine peut avoir un impact très important sur l'écosystème comme en témoigne le réchauffement climatique qui transforme le climat de la terre et de son écosystème, entraînant l'apparition de maladies inconnues jusqu'alors dans certaines zones géographiques, des migrations de certaines espèces, voire leur extinction si elles ne peuvent s'adapter à leur nouvel environnement biophysique.

On distingue les « pollutions dites diffuses » (lorsque les sources d'une pollution ? sont multiples) et les « pollutions dites chroniques » (émanant d'émissions répétées ou constantes de polluants).

14 - Quelles sont les principales pollutions ?

On en distingue 3 :

➢ **La pollution de l'air**, provoquée par de polluants dits « atmosphériques ».Elle est plus délicate à réglementer efficacement dans un cadre local ou national que beaucoup d'autres formes de pollution. Des conventions mondiales concernent les polluants destructeurs de la couche d'ozone ou les gaz à effet de serre, tous capables de modifier le fonctionnement planétaire du monde vivant. La pollution de l'air intègre la pollution biologique induite par des taux anormaux ou anormalement allergènes de microbes, virus, pollens, ou de spores fongiques. Les effets allergènes (rhinite, conjonctivite, asthme) de ces particules biologiques sont en augmentation, et ils semblent souvent exacerbés par les polluants urbains générés par les transports.

➢ **La pollution des sols** peut-être diffuse ou locale, d'origine industrielle ou agricole. Ces pollutions agricoles peuvent avoir un fort impact sur la santé humaine en touchant des nappes phréatiques d'une part, et en contaminant par bioaccumulation les cultures poussant sur ces sols d'autre part.

➢ **La pollution de l'eau** peut avoir diverses origines parmi lesquelles :

- Les exploitations agricoles industrielles qui rejettent divers produits présents dans les engrais ou les produits phytosanitaires, polluant les nappes phréatiques et entraînant la fermeture de points de captage d'eau potable si leur présence est trop importante.

- L'industrie dont les sous produits sont une des sources de pollution de l'eau parmi les plus importantes. Il s'agit essentiellement des produits chimiques et des hydrocarbures (dégazage)
- Les eaux usées qui, si elles ne sont pas traitées correctement, peuvent être une source de pollution de l'eau.

15 - Qu'est ce que le Réchauffement climatique ?

Le réchauffement climatique, également appelé réchauffement planétaire ou réchauffement global, est un phénomène d'augmentation de la température moyenne des océans et de l'atmosphère, à l'échelle mondiale et sur plusieurs années. Dans son acception commune, ce terme est appliqué au changement climatique observé depuis environ 25 ans, c'est à dire depuis la fin du XXe siècle.

Le GIEC est chargé d'établir un consensus scientifique sur cette question. Son dernier rapport auquel ont participé plus de 2500 scientifiques de 130 pays affirme que la probabilité que le réchauffement climatique depuis 1950 soit d'origine humaine est de 90%. Ces conclusions ont été approuvées par plus de 40 sociétés scientifiques et académies de sciences, y compris l'ensemble des académies nationales des pays industrialisés.

16- Le réchauffement climatique a-t-il un effet sur les êtres humains ?

A plus d'un titre, tant sur leur environnement que sur leur santé. Il pourrait aussi être source de conflits entre Etats.

17- En quoi le réchauffement climatique serait-il une source de conflits interétatiques ?

Les conflits peuvent résulter de la difficulté d'accès à l'eau et de l'attrait aux matières premières. Au sujet de l'eau, notons que la fonte des glaciers de l'Asie et des Amériques aggrave progressivement la problématique de l'approvisionnement en eau. L'eau constituant désormais un important enjeu géopolitique, le stress hydrique peut être source de conflits entre les Etats.

De même au sujet des matières premières, on peut reconnaître que l'accès à l'océan Arctique constitue actuellement un enjeu géopolitique et géostratégique. En effet, la fonte des glaces polaires arctiques tracera de nouvelles routes commerciales pour les navires, et rendrait accessibles des ressources sous-marines de pétrole ou de matières premières. L'accès à ces matières premières risque d'être source de conflit entre pays côtiers de l'océan Arctique. Déjà les États-Unis et le Canada ont protesté lorsque, le 2 août 2007, la Russie a planté son drapeau au fond de l'océan sous le pôle Nord.

18- Quels sont les effets du réchauffement climatique sur l'environnement ?

Le monde peut s'attendre à voir la température de la terre augmenter d'environ 0,2°C tous les 10 ans, pendant les 20 prochaines années, selon plusieurs scénarios imaginés par le Groupe International d'experts sur l'évolution du climat (GIEC). La hausse des températures a déjà commencé à affecter des vies humaines et continuera de le faire. Ces changements climatiques peuvent engendrer des inondations, des incendies de forêt, la canicule, les séismes, etc.

Selon le GIEC, le nombre des vagues de chaleur a augmenté depuis 1950, tout comme le nombre des nuits de chaleur aux quatre coins de la planète. La fréquence des ouragans, ainsi que l'intensité et la durée des tempêtes tropicales, ont augmenté ; l'activité cyclonique tropicale se développe également depuis 1970 environ. À l'échelle mondiale, un plus grand nombre d'ouragans ont atteint les catégories quatre (caractérisées par des vents soufflant entre 210 et 249 kilomètres/heure) et cinq (caractérisées par des vents soufflant à plus de 249 kilomètres/heure) depuis 1970, en particulier dans les océans Pacifique Nord et Sud-ouest, et dans l'océan Indien.[17]

---

[17] Les conséquences du changement climatique, L'impact de la hausse des températures et du niveau de la mer http://www.afrik.com/article14977.html

En outre, la variabilité des précipitations risque de compromettre l'approvisionnement en eau douce, appauvrir les sols et freiner l'agriculture.

19- Quels sont les effets du réchauffement climatique sur la santé ?

Les conséquences des phénomènes climatiques sont redoutées, non seulement sur l'économie, mais également sur la santé publique : le quatrième rapport du GIEC met en avant certains effets sur la santé humaine, tels que « la mortalité associée à la chaleur en Europe, les vecteurs de maladies infectieuses dans diverses régions et les allergies aux pollens aux latitudes moyennes et élevées de l'hémisphère Nord ».

Selon un rapport établi par Koffi Annan[18], le réchauffement climatique serait aujourd'hui responsable de plus de 300 000 décès, et 325 millions de personnes sont sérieusement affectées.

D'ici à 2030, le nombre de victimes du changement climatique s'élèvera à un demi million de personnes par an. Le changement climatique exerce présentement un impact significatif sur la vie de 325 millions d'individus. En l'espace de vingt ans, ce nombre fera plus que doubler, pour atteindre, selon les estimations, 660 millions, soit 10 % de la population mondiale[19].

---

[18] Koffi Annan président du Forum humanitaire mondial, Ancien Secrétaire Général de l'ONU.

[19] Rapport présenté le 29 mai 2009 sur l'impact humain du changement climatique

20- Quelles sont les maladies causées par le réchauffement climatique ?

Les réchauffements climatiques ont un impact sur une tranche particulière de la population. Parmi les couches de la population les plus vulnérables, on compte : les nourrissons et enfants, les femmes enceintes, les personnes du troisième âge, les personnes handicapées.

De nombreuses maladies sont hautement sensibles au changement des températures et du régime des précipitations. Ce sont par exemple les maladies à transmission vectorielle courantes comme le paludisme et la fièvre dengue ainsi que d'autres pathologies comme la malnutrition et les maladies diarrhéiques. Le changement climatique contribue déjà à accroître le taux mondial de morbidité et de mortalité et cette contribution devrait s'accentuer à l'avenir[20].

On note aussi une prolifération de l'asthme, du cancer, et de diverses autres pathologies.

21- Comment le réchauffement climatique agit-il sur l'homme pour provoquer des maladies asthmatiques ?

La hausse des températures au niveau mondial a une incidence sur les niveaux de particules présentes dans l'air et sur leur variation saisonnière, qu'elles soient naturelles comme le pollen des plantes ou créées par l'homme, ce qui peut être à l'origine de crises d'asthme.

---

[20] Source site OMS, Novembre 2009

L'asthme touche environ 300 millions de personnes, et 255 000 en sont mortes en 2005. Les décès dus à l'asthme devraient augmenter de près de 20% dans les dix prochaines années si l'on ne prend pas des mesures d'urgence en vue de freiner le changement climatique et d'anticiper ses conséquences[21].

22- Le cancer a-t-il également un rapport avec le réchauffement climatique ?

La dégradation continue de la couche d'ozone et l'augmentation de l'intensité du rayonnement des UV sur terre vont aggraver les effets de ces derniers sur la peau, les yeux et le système immunitaire de l'homme. Les enfants sont exposés à un risque particulièrement élevé de lésions causées par le rayonnement UV. Or, le cancer, du latin, *« crabe »*, est le nom donné á toutes les tumeurs malignes qui s'étendent rapidement et ont tendance á se généraliser. On admet que le cancer se développe quand l'équilibre est rompu entre les mécanismes de défense de l'organisme et les forces qui provoquent l'anarchie cellulaire. Ces dernières sont multiples et encore imparfaitement connues : terrain héréditaire prédisposant au cancer, facteurs d'environnement très divers ; produits chimiques, radiation, virus climat, habitudes alimentaires…

En outre, la pollution de l'air contribue considérablement à l'apparition des maladies

---

[21] source site OMS, novembre 2009

respiratoires et cardio-vasculaires. Parmi les maladies respiratoires, on citera le cancer du poumon[22].

23- Les facteurs environnementaux ont-ils contribué à augmenter l'incidence de certains cancers ?

Il semblerait que oui, selon une expertise collective, réalisée par l'Institut national de la santé et de la recherche en médecine (Inserm). En particulier, les particules ultra fines et autres polluants provenant de la circulation automobile sont suspectés de jouer un rôle dans l'épidémie de cancer. Ainsi, concernant les particules fines, provenant essentiellement du trafic automobile, le rapport de l'INSERM montre "qu'environ 1.300 à 1.900 décès par cancer du poumon pourraient être évités chaque année dans 23 villes européennes si les niveaux de particules fines étaient ramenés respectivement à 20 et à 15 microgrammes par millimètre cube. 10% des cancers seraient attribuables à l'exposition aux particules fines[23]. Ainsi, dès 1993, une étude portant sur le suivi pendant 14 à 16 ans de 8 111 individus dans six grandes villes américaines a pu

---

[22] Working Group on Public Health and Fossil Fuel Combustion. 1997. "Short-term improvements in public health from global climate policies on fossil fuel combustion: an interim report". Lancet, vol. 350: 1341-1349.

[23] US Cohort studies of air pollution and lung cancer - AJ.Cohen - Eurocancer 2003

souligner les effets délétères des particules d'un diamètre inférieur à 10 micromètres[24].

Les habitants de la ville la plus polluée présentaient 26 % de risques supplémentaires de mourir jeunes et une augmentation du risque de cancer du poumon de 37 % par rapport à ceux de la ville la moins polluée. De telles estimations ont été confirmées plus tard par une étude de la société américaine du cancer[25].

Selon les six études de grande ampleur, une augmentation de 8 à 15 % du risque de cancer du poumon serait liée à la pollution.

24- Quels sont les principaux impacts lors des épisodes de chaleurs ?

Les impacts directs sont:

- Les Crampes musculaires ;
- L'Épuisement dû à la chaleur ;
- La Mortalité par coups de chaleur ;
- L'Augmentation significative des décès et des hospitalisations chez les enfants (0-4 ans) et les personnes âgées atteintes de maladies chroniques telles que les malades cardiovasculaires, cérébrovasculaires, rénales, neurologiques et respiratoires

---

[24] Marc Schenker, NEJM, December 9, 1993 ; Vol.329, n°24

[25] (ACS) C, Arden Pope III JAMA. 2002;287:1132-1141

25- Les citoyens sont-ils concernés à titre individuel par la lutte contre le réchauffement climatique, et comment peuvent-ils y contribuer?

La lutte contre le réchauffement climatique doit être globale et concerner au premier abord les citoyens pris individuellement: nos gestes quotidiens contribuent à l'émission de gaz à effet de serre (GES) et ont des conséquences sur le climat.

Agir pour économiser l'énergie nous permettra de lutter ensemble contre le changement climatique. Par exemple, en fermant tous les volets la nuit, on évite à la chaleur de s'échapper de la maison et on réduit la consommation du chauffage dans les pays de climat tempéré.

En utilisant moins la voiture que la marche à pied, on réduit l'émission des gaz à effet de serre car 20 % des déplacements en voiture ne dépassent pas un kilomètre. Or, c'est précisément lors du premier kilomètre que la surconsommation, l'usure du moteur et les rejets de gaz sont les plus importants. En ayant le réflexe d'emprunter les transports collectifs, on limite l'émission des GES. De même, entretenir régulièrement sa voiture permet de réduire l'émission des gaz à effet de serre.

Le réglage régulier du moteur, en particulier pour les véhicules anciens, détermine le niveau de consommation ainsi que la quantité et la composition des rejets polluants.

Plus on consomme d'essence, plus on émet de CO2 . Sur l'autoroute, conduire à 120 km/h au lieu de 130 km/h permet de réduire la consommation de plus d'un litre aux 100 km. Les styles de conduite modifient considérablement la consommation d'essence. Un conducteur agressif consommera 40 % de plus qu'un conducteur raisonnable. La climatisation aussi augmente la consommation du véhicule ; avant de la déclencher, il est important d'évacuer la chaleur accumulée en ouvrant les fenêtres. Éviter de la laisser fonctionner en permanence, en particulier à l'arrêt.

Lutter contre la déforestation et respecter les aires protégées permettent de réduire les gaz à effet de serre.

26-Qu'entend –on par Gaz à Effet de Serre ?

Les gaz à effet de serre sont des composants gazeux de l'atmosphère. L'augmentation de leur concentration dans l'atmosphère terrestre est un facteur à l'origine du réchauffement climatique. On dit donc qu'ils contribuent à l'effet de serre.

27 –Pourquoi l'effet de Serre ?

On dit qu'ils contribuent à l'effet de serre par analogie avec la pratique en culture et jardinerie, qui consiste à construire des serres laissant passer la chaleur du soleil et la retenant prisonnière à l'intérieur afin de permettre aux plantes de bénéficier d'un micro climat artificiel.

L'effet de serre est un processus naturel de réchauffement du climat qui intervient dans le bilan radiatif et thermique de la Terre.

Lorsque les rayons solaires atteignent l'atmosphère terrestre, une partie (environ 30 %) est directement réfléchie par l'air, les nuages à hauteur de 20% et la surface de la Terre à hauteur de 10% (en particulier les océans et les régions glacées comme l'Arctique et l'Antarctique) : c'est l'albédo.

Les rayons incidents qui n'ont pas été réfléchis vers l'espace sont absorbés par la capacité calorifique de l'atmosphère, par les gaz (à effet de serre) à raison de 20 % et par la surface terrestre (50 %).

Cette partie du rayonnement absorbée par la Terre lui apporte de la chaleur, qu'elle restitue à son tour en direction de l'atmosphère sous forme de rayons infrarouges. Ce rayonnement est alors absorbé en partie par les gaz (à effet de serre). Puis dans un troisième temps, cette chaleur est réémise dans toutes les directions, notamment vers la Terre.

C'est ce rayonnement qui retourne vers la Terre qui forme "l'effet de serre" ; il est à l'origine d'un apport supplémentaire de chaleur à la surface terrestre. Sans ce phénomène, la température moyenne sur Terre chuterait à

-18°C. Il faut savoir que l'énergie de l'espace reçue par la terre et l'énergie de la terre émise vers l'espace sont égales, s'équilibrent, sinon, la température de la terre changerait dans un seul sens en permanence, vers toujours plus de froid ou vers toujours plus de chaleur.

Si l'échange moyen d'énergie avec l'espace n'est pas nul, cela entraîne un stockage ou un déstockage d'énergie de la terre. Ce changement peut se traduire par un changement de température de l'atmosphère.

28- Quels sont les principaux gaz à effet de serre contenus dans l'atmosphère ?

Les principaux gaz à effet de serre contenus dans l'atmosphère, sont principalement la vapeur d'eau, le dioxyde de carbone (CO2), le méthane (CH4), le protoxyde d'azote(N2O) et l'ozone(O3)

29- Qu'est ce que la couche d'Ozone?

La couche d'ozone ou ozonosphère désigne la partie de la stratosphère[26] contenant une quantité relativement importante d'ozone (concentration de l'ordre d'un pour cent pour mille).

L'ozone est produit par l'action du rayonnement solaire sur les molécules de dioxygène à haute altitude. A ce niveau, la couche d'ozone absorbe la plus grande partie du rayonnement solaire ultraviolet, qui est dangereux pour les organismes vivants.

---

[26] Région de l'atmosphère qui s'étend entre la troposphère (région la plus voisine du sol caractérisée par une décroissance des températures) et la thermosphère (région la plus éloignée du sol, au sein de laquelle la température augmente régulièrement avec l'altitude).

On distingue :

-le bon ozone, présent dans la couche stratosphérique, bon car il nous protège des rayons UV-C (ultraviolet)

-le mauvais ozone, présent dans la couche basse de l'atmosphère (ou troposphère, du sol jusqu'à environ 20 km d'altitude), mauvais car c'est celui que nous respirons et qui présente selon sa concentration, une certaine toxicité.

En l'absence de cette couche d'ozone, la vie n'aurait été possible que dans les océans, à une certaine profondeur de la surface des eaux (les rayons UV-C ne pénétrant qu'en surface)[27].

30 –Qu'est ce que le potentiel de réchauffement global (PRG) des gaz à effet de serre ?

Le Potentiel de réchauffement global (PRG) encore appelé pouvoir réchauffant global est un moyen simple de comparer entre eux les différents gaz à effet de serre qui influencent le système climatique. Il est utilisé pour prédire les impacts relatifs de différents gaz sur le réchauffement global en se basant sur leurs propriétés radiatives (le forçage radiatif).

En effet, les gaz ne possèdent pas tous les mêmes capacités d'absorption du rayonnement infrarouge terrestre, et ils n'ont pas tous la même durée de vie. Afin de comparer leur impact sur le réchauffement planétaire, le GIEC (Groupement Intergouvernemental

---

[27] http://fr.wikipedia.org/wiki/Couche_d'ozone

d'Experts sur l'Evolution du Climat) propose l'indice PRG (Potentiel de Réchauffement Global).

Le PRG est donc un indice permettant d'évaluer la contribution relative au réchauffement climatique de l'émission d'1kg de gaz à effet de serre par comparaison avec l'émission d'1kg de CO_2 pendant une période déterminée qui est en général de 100 ans. Par définition, le PRG à 100 ans du CO_2 est fixé à 1. Ainsi, les PRG des GES (gaz à effet de serre) les plus communs sont[28] :

- Dioxyde de carbone (CO_2) : 1
- Vapeur d'eau (H_2O) : 8
- Méthane (CH_4) : 23
- Protoxyde d'azote (N_2O) : 296
- Chlorofluorocarbures (CFC ou $C_nF_mCl_p$) : 4600 à 14000
- Hydrofluorocarbures (HFC ou $C_nH_mF_p$) : 12 à 12000
- Perfluorocarbures (PFC ou C_nF_{2n+2}) : 5700 à 11900
- Hexafluorure de soufre (SF_6) : 22200

Le PRG à 100 ans du protoxyde d'azote (N_2O), qui est de 296, signifie que l'impact de 1 kg de N_2O est équivalent à l'impact de 296 kg de CO_2 au bout d'un siècle. Ce qui veut dire que si on émet 1kg de N_2O aujourd'hui, au bout de 100 ans, les générations futures subiront les effets de 296 kg de CO_2.

---

[28] PRG des gaz à effet de serre selon le GIEC (rapport de 2007).

31 -Qu'est ce que le protocole de Kyoto ?

La gouvernance sur le climat repose sur deux traités internationaux fondamentaux : la Convention Cadre des Nations Unies sur les Changements Climatiques (CCNUCC) ouverte à ratification en 1992 et entrée en vigueur le 21 mars 1994 ; le Protocole de Kyoto, ouvert à ratification le 16 mars 1998, et entré en vigueur en février 2005[29]. Signé à Kyoto (Japon), ce protocole est le deuxième de ces instruments ; il est actuellement ratifié par 184 pays à l'exception notable des Etats Unis. Il prévoit une réduction des quantités de gaz à effet de serre émis par les pays industrialisés d'au moins 5,2 % d'ici à 2012, en partant des niveaux de 1990. Le traité de Kyoto arrive à expiration fin 2012. Un nouvel accord international devrait couvrir la période 2013-2017.

On peut ajouter à ces deux instruments, la Charte des Verts mondiaux, signée par certains politiques à travers le monde, notamment quelques partis politiques américains. Les signataires s'y engagent à poser des actes ciblés dans le domaine de l'environnement. Les partis signataires et les mouvements politiques (800 délégués de 70 pays) ayant signé cette charte à Camberra (Australie) en 2001, s'engagent à ce que les partis Verts et les mouvements

---

[29] Maïté Jaureguy-Naudin, *Protocole de Kyoto dans* Turbulences économiques et géopolitiques planétaires, (sous la direction de Thiierry de Montbrial et Philippe Moreau Defarges), RAMSES, rapport annuel de l'Institut français des relations internationales, Dunod 2009, p.68.

politiques Verts mettent en œuvre un certain nombre de principes interdépendants, et créent un partenariat mondial pour soutenir leur application[30].

32 -Qu'est ce que l'équivalent carbone ?

Chaque gaz à effet de serre contient une quantité différente de carbone. Cette quantité de carbone est le reflet de l'impact du gaz sur l'effet de serre. Lorsqu'on additionne l'impact de plusieurs gaz à effet de serre, on fait le cumul de la quantité globale de carbone que ces gaz contiennent et on obtient un chiffre représentatif de l'impact global sur l'effet de serre. La référence est toujours le gaz carbonique :

1 kg de CO2 contient 272,7 g de carbone. Pour les autres gaz, cette quantité est proportionnelle au pouvoir réchauffant global (PRG) dont la référence est aussi le gaz carbonique (valeur = 1)

Équivalent carbone = PRG * 0,2727 (en kilos)[31]

Pour les carburants fossiles qui produisent du CO2, cette unité représente précisément leur masse de carbone. Elle est également utilisée pour tous les autres gaz qui ne contiennent pas de carbone.

---

[30] http://fr.wikipedia.org/wiki/Charte_des_Verts_mondiaux

[31] http://pagesperso-orange.fr/christian.coudre/carbone.html;

33 -Quels sont les équivalents carbone des GES les plus communs ?

Les équivalents carbone des GES les plus communs sont :

- Dioxyde de carbone (CO_2) : 0,273
- Vapeur d'eau (H_2O) : 2,2
- Méthane (CH_4) : 6,27
- Protoxyde d'azote (N_2O) : 81
- Chlorofluorocarbures (CFC ou $C_nF_mCl_p$) : 1256 à 3818
- Hydrofluorocarbures (HFC ou $C_nH_mF_p$) : 3,3 à 3273
- Perfluorocarbures (PFC ou C_nF_{2n+2}) : 1555 à 3245
- Hexafluorure de soufre (SF_6) : 6055

Il faut donc lire que par exemple, l'équivalent carbone de 1 tonne de CO_2 est de 12/44 teC (tonne équivalent Carbone), soit 0,273 teC[32].

34 -Et la taxe Carbone ?

La taxe carbone est une taxe environnementale sur l'émission de dioxyde de carbone, gaz à effet de serre qu'elle vise à limiter, dans le but de contrôler le réchauffement climatique. Cette taxe à pour fonction de décourager les émissions polluantes en faisant payer les pollueurs à proportion de leurs émissions.[33]

---

[32] http://pagesperso-orange.fr/christian.coudre/carbone.html

[33] http://fr.wikipedia.org/wiki/Taxe_carbone

La taxe carbone est une possibilité ouverte aux pays s'étant engagés à réduire leurs émissions de gaz à effet de serre. Elle peut être appliquée aux produits ou, plus commodément, à la production ou à l'importation d'énergie fossile, qui émettra du dioxyde de carbone une fois consommée.

La taxe carbone est complémentaire du principe des quotas d'émissions (négociables via une bourse du carbone) : la taxe impose un prix déterminé à des quantités libres, les quotas fixent les quantités mais laisse leur prix variable . Les deux systèmes peuvent coexister, la taxe permettant notamment d'impliquer de très nombreux petits émetteurs diffus, difficile à mettre sous quotas

35 -Qui émet le plus les GES ?

Les trois plus grands émetteurs de gaz à effet de serre (GES) sont la Chine, les États-Unis et l'Union européenne. En 2007, ils représentaient respectivement 21 %, 20 % et 14 % des émissions mondiales de GES, l'Inde et la Russie, les deux suivants, ne comptant que pour 4 % et 6 % du total.

36 - Pourquoi les Etats-Unis refusent-ils de ratifier le protocole de Kyoto ?

Les raisons des Etats-Unis ne sont pas élucidées. Officiellement, les Etats-Unis prétendent que le protocole de Kyoto est un frein pour l'économie nationale et que le combat contre le réchauffement climatique doit se faire non pas avec une simple réduction des gaz à effet de serre, mais par une meilleure gestion de leur émission.

Il convient de relever aussi que Plusieurs autres pays, bien qu'ayant ratifié le protocole, ne respectent pas les règles du protocole. Par exemple, le Canada et le Japon partagent le même engagement, soit une réduction de 6% par rapport aux niveaux de 1990. Malheureusement, en 2005, les émissions canadiennes ont augmenté de 25,3%, et celles du Japon de 6,9%[34].

Rappelons aussi qu'à ce jour, des cinq plus gros émetteurs de la planète (Chine, Etats-Unis, Inde, Russie, Union Européenne), seule l'Europe est soumise effectivement à un objectif contraignant[35] même si en vue de la Conférence de Copenhague, la Chine est obligée par la communauté internationale d'intégrer le processus de quantification et de réduire ses émissions.

37 - Pourquoi les autres pays refusent-ils de respecter les règles du protocole ?

Pour la majorité des pays en voie de développement, des pays émergents, et en particulier pour des pays comme la Chine ou l'Inde, le changement climatique n'est pas une priorité comparée aux enjeux du développement. Il est vrai qu'étant donné leur niveau de développement, ils n'ont pas la même sensibilité que les pays développés et surtout européens, sur les questions environnementales.

---

[34] Maïté Jaureguy-Naudin, *Protocole de Kyoto,* op-cit, p.69

[35] Ibid.

Ils pensent que les pays développés doivent agir en priorité car ceux-ci ont une responsabilité historique dans l'augmentation actuelle des concentrations de gaz à effet de serre. De plus, ils considèrent l'augmentation de leurs émissions par tête d'habitant (qui sont aujourd'hui très faibles) comme une conséquence inéluctable de leur développement. Pourtant, l'Inde et les autres pays du sous-continent Indien comme le Bengladesh ou le Sri Lanka risquent de subir ou subissent déjà l'impact du changement climatique, en particulier dans le domaine agricole, à cause des variations de la mousson.

Les pays en voie de développement n'ont pas d'engagement quantifié de réduction de leurs émissions dans le protocole de Kyoto ; c'est une des raisons pour laquelle les Etats-Unis refusent de ratifier le protocole en l'état. Ils souhaitent y associer les pays dits « émergents » comme l'Inde, le Brésil, l'Indonésie, la Chine, le Mexique ou la Corée du Sud (ces deux derniers pays étant membres de l'OCDE), mais ces États craignent que tout effort de réduction d'émission n'entrave leur croissance économique.

Les pays de l'OPEP (organisation des pays producteurs de pétrole), surtout l'Arabie saoudite et le Koweit, exigent des aides financières pour la diversification économique au titre des compensations prévues par le protocole.

38- Quelles sont les missions du GIEC ?

Le groupe d'experts intergouvernemental sur l'évolution du climat (en anglais Intergovernmental Panel on Climate Change, IPCC) a pour mission d'évaluer sans parti pris et de façon méthodique, claire et objective, les informations d'ordre scientifique, technique, et socio-économique qui nous sont nécessaires pour mieux comprendre les risques liés au changement climatique d'origine humaine, pour cerner plus précisément les conséquences possibles de ce changement et envisager d'éventuelles stratégies d'adaptation et d'atténuation. Il n'a pas pour mandat d'entreprendre des travaux de recherche ni de suivre l'évolution des variables climatologiques ou autres paramètres pertinents. Il a été créé en 1988 par l'Organisation Météorologique Mondiale(OMM) et par le Programme des Nations Unies pour l'Environnement(PNUE).

Le GIEC a reçu le prix Nobel de la Paix en 2007, conjointement avec l'ancien Vice-président américain Al GORE.

39 - Qu'est ce que la forêt boréale ?

La forêt boréale est l'écosystème le plus vaste du monde. Il s'agit d'une forêt dominée par les conifères, avec présence discrète de feuillus. En Europe, constituée de feuillus (bouleaux) et/ou de conifères, elle s'étend de la Baltique à l'Oural. Les épicéas sont les conifères dominants, formant une forêt dense et sombre. Au-delà de l'Oural, le mélèze remplace l'épicéa et la forêt s'éclaircit en allant vers l'est jusqu'à devenir une formation très claire, sorte de steppe arborée dans les montagnes d'Extrême-Orient. À la frontière chinoise, le long de l'Amour, la taïga redevient plus dense et plus variée.

Fruit d'une évolution qui s'étend sur plus de 10 000 ans, la forêt boréale est la plus grande forêt ancienne existante en Amérique du Nord. Cet écosystème est, lui aussi, gravement menacé par l'exploitation forestière.

Au Canada, chaque année on y fait des coupes totalisant 594 000 ha, l'équivalent de 3 terrains de football toutes les deux minutes. La forêt boréale joue aussi un rôle important dans la lutte contre les changements climatiques puisqu'elle constitue l'un des plus importants réservoirs de carbone du monde. Elle représente également un patrimoine de biodiversité mondiale.

40 - Qu'est ce que la Banquise ?

La banquise est une étendue de mer gelée que l'on trouve dans l'Arctique et l'Antarctique, et qui peut recouvrir de larges étendues d'eau. Elle se forme durant les mois d'hiver et fond pendant les mois d'été, mais une partie de la banquise persiste toute l'année dans certaines régions. Environ 15% des océans de la planète sont recouverts par la banquise pendant une partie de l'année.

41 -Qu'est ce qu'un bassin ?

Un bassin est une région drainée par un fleuve et ses affluents. Les trois principaux bassins au monde sont :

- Le bassin de l'Amazonie en Amérique du Sud ;
- Le bassin du Congo en Afrique ;
- Le bassin Indo-Malais en Asie.

42 - Quelle est l'importance du bassin de l'Amazonie ?

Le bassin de l'Amazonie constitue le plus vaste réservoir d'eau douce de la planète, le plus grand bassin fluvial du monde, le plus grand écosystème de la biosphère, et la plus grande réserve d'oxygène de la planète. Il s'étend sur 9 pays : l'Argentine, le Paraguay, la Bolivie, le Pérou, la Colombie, le Venezuela, Guyana, Surinam, la Guyane française et le Brésil qui en abrite la plus grande partie avec 4000 km3 d'eau, qui irriguent 47% de la superficie du pays, soit un territoire vaste comme 7 fois la France. Le bassin de l'Amazonie couvre un territoire plus vaste que l'Europe. L'Amazone est le premier fleuve du monde par son débit, entre 100 000 et 220 000 mètres cube par seconde (12 fois celui du Mississipi) et 310 000 mètres cube en période de crues. Il se jette dans l'Océan Atlantique par son Delta qui compte 330 km de large[36].

---

[36]L'Amazone : caractéristique et bassin ; http://aqualoury.fr.gd/Fleuve-et-bassin-de-l-h

Le fleuve Amazone est la source de vie de cette région. Il produit environ 18% de l'eau douce de la planète. On estime que le bassin amazonien contient ces espèces végétales ne font – elles pas partie de la biodiversité en question ? 50% de la biodiversité mondiale dont 70% des espèces végétales de la planète.

Des études récentes indiquent qu'au moins 40000 espèces de plantes ,427 espèces de mammifères, 1294 espèces d'oiseaux, 378 espèces de reptiles, 427 espèces d'amphibiens, 3000 espèces de poissons et probablement plus d'un million d'espèces d'insectes peuplent la forêt tropicale d'Amazonie. La forêt amazonienne connaît un cycle permanent de déforestation, avec une accélération notable du phénomène au cours de ces dernières décennies. De vastes zones de forêts sont encore défrichées pour l'exploitation du bois, ou pour la pratique de l'agriculture et de l'élevage

Les dégagements de CO2 provoqués par la déforestation représenteraient environ 22 % des émissions dans le monde et sont donc responsables d'une bonne partie de l'effet de serre. Les émissions annuelles de CO2 sont estimées dans le bassin amazonien entre 150 et 200 millions de tonnes carbone par an.

43 -Qu'est ce que le bassin du Congo ?

La forêt du Bassin du Congo en Afrique centrale est le deuxième massif forestier tropical après la forêt amazonienne. Elle couvre plus de deux millions de km^2.

Très hétérogène et très riche en espèces animales et végétales endémiques notamment certains types de primates, de pachydermes, d'amphibiens etc., elle couvre à des degrés variables les pays suivants : Cameroun (21,2 millions d'ha) ; Centrafrique (22,7millions d'ha) ; Congo (22,4 millions d'ha) ; RDC (136,6 millions d'ha) ; Gabon (21,7millions d'ha) ; Guinée Équatoriale (1,6 million d'ha) ; Burundi (0,15millions d'ha) ; Rwanda (0,48 millions d'ha).

La biodiversité de l'Afrique Centrale est d'importance mondiale à la fois pour le nombre global d'espèces trouvées dans la région - la richesse spécifique- et le nombre d'espèces de plantes et d'animaux qui n'existent pas ailleurs sur la planète - l'endémisme[37].

44 -Pourquoi le Bassin du Congo doit-il être préservé ?

L'importance internationale du Bassin du Congo le transforme en un bien commun qui doit être préservé. La protection des forêts du Bassin du Congo, de la

---

[37] L'endémisme se caractérise par la présence naturelle exclusive d'un groupe biologique exclusivement dans une région géographique délimitée. Ce concept, utilisé en biogéographie, peut concerner toutes sortes d'êtres vivants : animaux, végétaux ou autres qu'on ne peut retrouver que dans une zone donnée.

diversité de sa faune et de sa flore est donc vitale pour un développement économique durable des pays qui composent le bassin, et pour la communauté internationale.

Les forêts du Bassin du Congo forment l'une des deux dernières régions au monde qui possèdent de vastes étendues interconnectées de forêts tropicales humides abritant une grande diversité de plantes vasculaires, d'insectes et de grands mammifères. On y a dénombré près de 400 espèces de mammifères, plus de 1000 espèces d'oiseaux, 10 000 espèces de plantes dont 3000 seraient endémiques. Ce n'est qu'en Afrique centrale que les éléphants, les gorilles, les buffles, les bongos et les okapis existeraient en grand nombre sur de vastes étendues.

Rien que par sa taille, le Bassin du Congo constitue une réserve de carbone d'importance mondiale pour la régulation du gaz à effet de serre et le dioxyde de carbone. Cette forêt a un rôle régulateur sur le climat régional et local ; elle assure le recyclage de l'eau, vital pour des dizaines de millions d'humains en Afrique.

L'exploitation forestière, l'agriculture itinérante, l'accroissement de la population et les industries pétrolières et minières sont tous en train d'exercer une pression accrue sur les forêts du Bassin du Congo, qui actuellement sont en train de disparaître au rythme de 0,6 % par an. Le chiffre total annuel de la déforestation dans la région est estimé par la FAO à environ 934.000 hectares.

45- En quoi le bassin du Congo participe-t-il à la protection de l'environnement et à la réduction des GES ?

Les forêts jouent un rôle crucial dans le changement climatique en séquestrant ou en stockant de grandes quantités de carbone (par l'absorption de CO2) au fur et à mesure de leur croissance. L'arrêt ou le ralentissement de la vitesse à laquelle ces forêts sont défrichées, sont essentiels au maintien de leur capacité de stockage du carbone et des "services" écologiques qu'ils offrent, y compris la biodiversité, la protection des bassins hydrographiques, et les loisirs.

Etant la deuxième plus grande zone forestière tropicale de la planète, la forêt tropicale du Bassin du Congo représente un entrepôt de carbone d'importance mondiale. Freiner la déforestation dans le bassin du Congo peut offrir un moyen rentable de réduire les gaz à effet de serre à l'échelle mondiale.

La forêt tropicale du bassin du Congo abrite une biodiversité d'importance mondiale, et joue un rôle essentiel dans la régulation du climat régional et du stockage du carbone sous la forme de bois sur pied.

46.- Quelle est la stratégie mise en œuvre pour protéger ce bassin important pour la planète ?

En raison de la surexploitation du bois, notamment par les entreprises étrangères, la déforestation est importante. Les dégâts sont écologiques avec une diminution de la biodiversité, mais les conséquences sont aussi économiques avec la perte de ressources financières à long terme.

En 1999, à Yaoundé, un sommet des chefs d'État des pays concernés (Cameroun, République centrafricaine, Gabon, République du Congo, République démocratique du Congo, Guinée équatoriale, Tchad) a lancé un processus devant permettre une meilleure gestion des ressources forestières en attribuant de façon plus transparente les concessions et en instaurant des normes permettant la régénération de la forêt.

En 2002, lors du Sommet de la terre à Johannesburg, a été lancé un partenariat pour le bassin du Congo regroupant les États-Unis, la France, les États de la région, les bailleurs de fonds et les ONG. Des aides financières devaient permettre d'améliorer la gestion des massifs forestiers en promouvant l'aménagement durable des forêts d'exploitation et en créant des zones de protection couvrant de 10 à 15 % du massif. Soucieux d'apporter une réponse concrète à cet engagement, le Gabon a, le 30 août 2002, créé un réseau de 13 parcs nationaux couvrant 11,25% de son territoire. L'annonce de cette initiative avait été faite par le Président de ce pays, Omar Bongo, le 4 Septembre 2002 à Johannesburg.

47.- Que reçoivent les pays du Bassin du Congo en contrepartie ?

Les perspectives de nouveaux marchés pour les services écosystémiques, et en particulier la possibilité d'être éligibles à des crédits de carbone, crée de nouvelles opportunités pour la conservation des forêts et d'autres avantages en matière de développement.

Or le mécanisme de financement qui est en train d'être mis en place pour la réduction des émissions provenant de la déforestation risque de défavoriser les pays du bassin du Congo. Tout porte à croire que ces pays ne disposent pas d'un document consensuel qui pourrait les aider à affronter les positions des pays développés et émergents comme le Brésil.

Les discussions actuelles au niveau international, prennent pour référence d'indemnisation, les taux de déforestation passés. Or, les pays du bassin du Congo ont des taux de déforestation très faibles.

Ce sont les pays qui ont connu dans le passé des taux de déforestation élevés qui pourront avoir beaucoup plus d'avantages contrairement à ceux du bassin du Congo. Prendre en compte les taux de déforestation passés revient à accorder une prime aux gestionnaires inconvenants au détriment des gestionnaires vertueux. La logique commande plutôt qu'on prenne en compte au moins le rôle que jouent les pays du bassin du Congo dans la préservation de l'écosystème et la régulation du système climatique mondial.

48 - Comment ces pays comptent-ils s'y prendre pour faire entendre leur voix ?

Les pays du bassin du Congo entendent adopter un même langage pour faire triompher leur point de vue lors de différents rencontres portant sur le réchauffement climatique et la limitation de la déforestation.

Les experts des pays concernés ont réfléchi et mis au point des stratégies susceptibles de leur permettre de bénéficier des financements qui seront accordés aux pays disposant de forêts dans le cadre de la lutte contre les gaz à effet de serre.

Parmi ces stratégies, les pays du bassin du Congo misent sur l'extension des aires protégées, dont les parcs nationaux. Ces pays comptent également mettre en avant les efforts par eux fournis dans la préservation de leurs forêts.

49- Les populations de ces pays profitent-elles directement des retombées de ces politiques d'indemnisation ?

La protection des forêts ne peut être réalisée que si les avantages de la conservation atteignent les populations qui l'habitent et dont les moyens de subsistance sont tributaires des terres forestières.

Au-delà des politiques d'indemnisation souvent velléitaires, il serait judicieux d'expérimenter une approche de coopération qui permettrait le développement du continent dans un partenariat basé sur l'assainissement des villes.

Comme chacun le sait, la plupart des villes au sud du Sahara sont dans un état d'insalubrité qui ne saurait garantir le développement durable. Cet état d'insalubrité, dû entre autres au non traitement des ordures, ne peut être jugulé que par une bonne politique d'assainissement. L'assainissement est fortement lié à la santé publique en raison des nombreuses maladies causées par un environnement malsain. Pour sa réalisation, des moyens physiques, institutionnels et sociaux sont mis en œuvre dans différents domaines, comme l'évacuation des eaux usées et de ruissellement, l'évacuation des déchets solides, l'évacuation des excréments et le traitement de tous ces éléments. Or, ces moyens font énormément défaut au continent africain. On verrait bien une politique de coopération qui permettrait de donner une valeur marchande à ces ordures et déchets solides, de façon à mobiliser la jeunesse désœuvrée à vendre des tonnes de déchets qui pourraient être exportés –en attendant de les traiter sur place- vers les pays industrialisés, disposant d'usines de traitement et de recyclage des ordures ménagères. Une telle forme de coopération garantit à tous un environnement sain et fait participer les groupes communautaires au développement durable dans un esprit de respect mutuel et de gain partagé.

50 -Qu'est ce que les Sommets de la terre ?

Les Sommets de la terre sont des rencontres entre dirigeants mondiaux ayant lieu tous les dix ans. Ils constituent une occasion pour se pencher sur l'état de l'environnement de la planète, et pour définir les moyens de stimuler le développement durable au niveau mondial. Après le sommet de Johannesburg du 26 août au 04 septembre 2002, le prochain sommet de la terre est prévu en 2012 à Rio de Janeiro au Brésil.

51 -Qu'y aura t-il à Copenhague en décembre 2009 ?

En décembre, le Danemark va accueillir le prochain Sommet international des Nations Unies sur le climat. La communauté internationale doit y élaborer un accord global qui prendra la suite du protocole de Kyoto.

52- Pourquoi appelle t-on Copenhague COP 15 ?

COP 15 traduit le 15ème round du processus de négociation du protocole de Kyoto. C'est le premier rapport d'évaluation du GIEC qui propulsa en 1990 le climat dans l'agenda politique. Après tout juste deux ans – ce qui représente un délai rapide dans ce contexte – le texte de la convention sur le climat fut adopté à New York, en mai 1992. Dans le courant de cette même année, la convention fut ratifiée par plus de 150 pays lors de la Conférence des Nations Unies sur l'environnement et le développement (CNUED) organisée à Rio de Janeiro. Les pays signataires se réunissent chaque année à l'occasion des sessions de la Conférence des Parties à la Convention (COP).

Entre le 1er et le 12 Décembre 1997 a eu lieu l'ouverture des premières négociations à Kyoto, lors de la 3e conférence des Nations Unies sur les changements climatiques. Elles se sont poursuivies à Buenos Aires entre le 2 et le 14 novembre 1998 à la COP 4 où les « Etats-Unis ont tenté d'accélérer la mise en œuvre des permis d'émissions négociables. Ils se sont opposé à tout compromis, mais ont tout de même signé le protocole de Kyoto ».

À Bonn, entre le 25 octobre et le 5 novembre 1999, les représentants de 163 pays ont débattu de la mise en œuvre du protocole lors de la COP 5.

La COP 6 s'est tenue à la HAYE du 13 au 24 novembre 2000 et a connu la confrontation entre les Etats-Unis et leurs alliés : (Canada, Australie, Nouvelle-Zélande, Japon) et l'Union Européenne).

Plusieurs « camps » étaient discernables lors de l'ouverture des négociations :

- le Carbon Club, comprenant les « Juscanz » (Japon, États-Unis, Canada, Australie, Nouvelle-Zélande), les membres de l'OPEP (opposés à l'instauration de quotas), la Russie et la Norvège ;
- l'Union Européenne, la plus active en matière de défense environnementale ;
- certains pays potentiellement menacés par la montée des eaux (Pays-Bas, petites îles et archipels du Pacifique) ;
- le groupe des 77 qui regroupe actuellement 130 pays en voie de développement.

Durant les négociations, les représentants du Carbon Club avaient fait pression sur les pays en développement, réclamant l'égalité des devoirs en matière d'adoption des quotas d'émission. Cependant, cette demande a paru disproportionnée pour des pays en voie d'industrialisation, venant de pays majoritairement responsables des émissions de gaz à effet de serre. Ainsi, l'accord final proposait des quotas de réduction d'émission revus à la baisse, avec une option prévoyant la revente de « droits d'émission » entre pays riches et pays du G77 notamment.

La COP 11 s'est tenue à Montréal en 2005. Cette conférence a vu l'entrée en vigueur du protocole de Kyoto suite à la ratification russe, elle a aussi tenu lieu de première conférence des parties au protocole de Kyoto.

La COP 13 s'est tenue à Bali en Indonésie, du 03 au 14 décembre 2007. Il y a été question notamment de tracer une feuille de route pour prolonger le protocole de Kyoto au-delà de 2012.

Du 1er au 12 décembre 2008 se tient à Poznan en Pologne la COP 14, une conférence à mi-chemin des négociations internationales devant mener à un accord visant à renforcer et prolonger le Protocole de Kyoto après sa date d'échéance en 2012.

53- La Chine et les autres pays en voie de développement partagent-ils la même responsabilité que les pays industrialisés ?

Tous les pays doivent participer aux efforts visant à éviter le danger d'un dérèglement incontrôlé du climat. Cependant, la plus grande part de responsabilité pour rester dans les limites du budget carbone incombe aux pays industrialisés, qui doivent à la fois réduire leurs émissions domestiques et aider les pays en développement à accéder à un développement sobre en carbone. Ils ont une responsabilité historique.

Etant donné que jusqu' à maintenant, c'est l'usage excessif de carburants fossiles par les pays industrialisés qui est responsable du caractère restreint du budget carbone, ces pays se doivent d'assurer aux pays en développement un soutien financier, technologique et de formation qui puisse être suivi et mesuré, afin de leur garantir les moyens de rester dans la limite de ce budget carbone.

Cependant, pour atteindre cette réduction nécessaire des émissions, les pays en développement les plus avancés doivent également répondre à l'appel à l'action. Leur responsabilité est importante. Par conséquent, le traité expose leurs responsabilités communes mais différenciées et les détails des soutiens qui doivent être assurés.

Les nouveaux pays industrialisés comme Singapour, la Corée du Sud et l'Arabie Saoudite devraient eux aussi s'engager à des actions contraignantes dans le sens des principes de la Convention que sont la responsabilité commune mais différenciée et les capacités respectives à agir. Les critères de désignation des nouveaux pays industrialisés devront être négociés à Copenhague.

54 -Quel est l'enjeu du sommet de Copenhague ?

Copenhague a l'obligation de créer l'unanimité des Etats autour d'un accord ou d'un Traité. Si un tel accord est signé, l'humanité sera dans les délais pour contenir l'augmentation des températures en deçà de 2°C et éviter l'emballement climatique... Sinon, il deviendra quasiment impossible de maîtriser les impacts irréversibles d'un grave bouleversement du climat.

Malgré tout, les États-Unis et l'Union européenne semblent ne pas en prendre réellement conscience de ce danger. Partenaires commerciaux majeurs, également enlisés dans une récession vertigineuse, la tentation est grande pour eux d'interpréter, à tort, leur effort commun comme un jeu à somme nulle et de tenter de pousser leur avantage l'un au détriment de l'autre. D'autant qu'ils ont chacun des arguments convaincants à faire valoir : l'UE peut se prévaloir de sa position de leader mondial contre le changement climatique pour relâcher son effort et exiger des États-Unis au moins une mise à niveau avant toute concession supplémentaire ; l'administration Obama peut se targuer de vouloir rompre avec l'aveuglement obscurantiste de l'administration Bush, et réclamer la mansuétude européenne dans un contexte politique intérieur marqué par les affrontements partisans et la multiplicité des chantiers engagés.

55 - Quel accord international est-il souhaitable à Copenhague ?

L'accord de Copenhague ne sera un succès que s'il donne au monde les moyens de contenir l'augmentation moyenne des températures sous la barre de 2°C. Au-delà, le dérèglement du climat aura des conséquences catastrophiques irrémédiables...

Tout d'abord, il faut impérativement parvenir à stopper la croissance des émissions mondiales de gaz à effet de serre d'ici à 2015 avant de les faire décroître. C'est la seule voie pour limiter le réchauffement des températures bien en dessous de 2°C, seuil au-delà duquel la capacité à s'adapter de nos sociétés et des écosystèmes est menacée. Pour ce faire, les pays industrialisés doivent s'engager collectivement à réduire leurs émissions de gaz à effet de serre d'au moins 40% d'ici à 2020, par rapport à 1990[38].

Mais cela ne sera pas suffisant. Les pays en développement doivent, eux aussi, mettre en place les politiques industrielles, énergétiques et agricoles qui limiteront la croissance de leurs émissions avant de les réduire, sans compromettre leur légitime aspiration au développement économique et social. L'accord de Copenhague devra permettre à ces pays d'évoluer vers des modèles sobres en carbone. Il devra aussi leur permettre de s'adapter aux conséquences inévitables du changement climatique.

Pour nombre d'entre eux, en particulier les plus vulnérables, ces actions ne pourront se faire sans le soutien financier et technique des pays industrialisés. Les besoins d'ici à 2020 sont évalués à plus de 100 milliards d'euros par an. C'est moins de 10% des dépenses militaires mondiales.

56 - Quelles doivent être les grandes lignes de cet accord international ?

Un tel scénario ne sera possible que si, à Copenhague, les gouvernements concluent un accord fondé sur trois engagements majeurs :

1/ Les pays industrialisés adoptent des objectifs contraignants de réduction de leurs émissions de gaz à effet de serre d'ici à 2020 (par rapport aux niveaux de

[38] http://www.copenhague-2009.com/appel

1990). Ces objectifs devront être réalisés en grande partie sur leurs territoires nationaux.

2/ Les pays industrialisés débloquent 100 milliards d'euros par an d'ici à 2020 pour aider les pays en développement à :

- construire un modèle énergétique durable et sobre en carbone
- s'adapter aux impacts des changements climatiques, mieux gérer les risques liés aux catastrophes naturelles, répondre aux crises humanitaires qui seront de plus en plus récurrentes, etc.
- lutter contre la déforestation et la dégradation des forêts, responsables de 20 % des émissions mondiales de gaz à effet de serre.

3/ Les pays en développement s'engagent à leur tour à limiter la croissance de leurs propres émissions de gaz à effet de serre d'ici à 2020[39].

57 - Que peut-on attendre des pays industrialisés ?

Responsables de la majorité des émissions de gaz à effet de serre aujourd'hui dans l'atmosphère, munis de capacités d'action plus fortes, les pays industrialisés portent la responsabilité morale, historique, légale et économique de mener le combat contre le dérèglement

---

[39] http://www.consommerdurable.com/2009/09/quel-sont-les-objectifs-et-les-enjeux-du-sommet-de-copenhague-sur-le-climat-comment-essayer-dinfluencer-le-resultats-des-negociations/

du climat. Ils disposent des plus importantes ressources financières et technologiques. Ils doivent donc réduire massivement leurs émissions, mais aussi aider les pays du Sud à réduire les leurs et à s'adapter aux impacts. Dans le cadre des négociations de Copenhague, les nations industrialisées doivent faire le premier pas, et s'engager à fournir une aide financière et technologique aux pays en développement.

58 – Quelles peuvent être les conséquences en cas d'échec à Copenhague ?

Le réchauffement du système climatique est sans équivoque. L'activité humaine en est la cause. Ses impacts se font déjà ressentir en différents points du globe, notamment avec la multiplication des catastrophes climatiques. Si nous n'agissons pas maintenant, ces impacts seront sans aucun doute encore plus dévastateurs. C'est le constat sans appel de 2 500 scientifiques du monde entier qui ont reçu collectivement le Prix Nobel de la Paix en 2007 pour leurs travaux sur le phénomène des changements climatiques. Depuis, de nouveaux éléments scientifiques montrent, chaque jour, que le climat se dérègle au-delà des prévisions les plus pessimistes, avec des conséquences bien plus précoces que prévues et d'ores et déjà visibles.

S'il est encore difficile d'évaluer avec précision l'amplitude des impacts, le danger est en revanche déjà certain. Ecosystèmes ravagés, variabilité climatique extrême, hausse du niveau des océans… : les premières victimes de ces catastrophes en chaîne sont les populations déjà vulnérables en Afrique subsaharienne, en Asie centrale, du Sud Est, ou dans de nombreux pays insulaires.

La sécurité alimentaire, l'accès à l'eau ou à la terre sont gravement menacés et des centaines de millions de personnes risquent d'être poussées à l'exode, grossissant les rangs de ceux que l'on nomme les « réfugiés climatiques ». Dans un monde de crises, il faut craindre que la guerre, l'autoritarisme, les inégalités, la misère et la souffrance humaine prennent encore un peu plus le pas sur la paix, la dignité humaine et la démocratie[40].

59 – Un plan B est-il possible en cas d'échec à Copenhague ?

Les Nations Unies ont d'ores et déjà planifié de nouvelles sessions de négociations post-Copenhague. De plus en plus de négociateurs pensent qu'un accord pourra être trouvé dans les trois à douze mois suivant la conférence. Au regard des dernières déclarations des Etats-Unis et de la Chine, on peut dire qu'un accord sera vite trouvé. Les Etats-Unis par exemple, reconnaissent désormais qu'ils doivent assumer un rôle directeur dans les efforts mondiaux de lutte contre les changements climatiques. Todd Stern, Envoyé spécial du département d'Etat des Etats-Unis pour les changements climatiques a admis que son pays serait tenu de prendre la direction

---

[40] L'ultimatum climatique, l'appel pour la conférence de Copenhague
http://www.copenhague-2009.com/appel

d'actions qui mèneront à l'instauration d'une économie à énergie propre au XXIe siècle, et que si les Etats-Unis ne réduisent pas leurs émissions, il n' y aura pas de solution possible au problème des changements climatiques. « L'action face aux changements climatiques n'est pas un fardeau économique à supporter, mais une chance à saisir »[41]. D'ailleurs, en l'espace de huit mois seulement, le gouvernement Obama a réorienté radicalement la politique américaine relative aux changements climatiques et il donne aujourd'hui l'exemple par des mesures résolues prises sur le plan intérieur.

60 - Quelle sera la place des ONG dans le débat ?

Les ONG ont rédigé un rapport de 160 pages détaillant leurs propositions pour le sommet. Ce texte sera distribué aux négociateurs des 192 Etats. Les ONG veulent que les pays industrialisés réduisent de 40% leurs émissions d'ici à 2020 par rapport à 1990.

61- Quelle peut être la place du Genre dans la mise en œuvre du protocole de Kyoto ?

Le développement durable nécessite la pleine et équitable participation des femmes à tous les niveaux. « Les droits de la femme sont les droits universels de

[41] Todd STERN, Une occasion cruciale dans perspectives sur les changements climatiques, op-cit. pp.4 et 5

l'Homme » et sont protégés par les conventions internationales des droits de l'Homme.

Il serait donc très mal venu d'aborder une problématique aussi importante, d'identifier des stratégies, ou de mettre en oeuvre des solutions si seulement la moitié des personnes concernées sont parties prenantes du processus. L'approche genre est essentielle pour un développement durable et pour la mise en œuvre du protocole de Kyoto. En effet, le développement socio-économique des communautés, tout en prenant en considération la dimension environnementale, ne peut-être effectif que si l'approche genre est respectée.

La protection de l'environnement nécessite une parfaite compréhension des liens existants entre la femme et l'environnement, ce qui implique notamment une reconnaissance de leurs droits et du rôle qui est le leur dans la planification et la gestion des ressources naturelles. Cela nécessite ainsi une reconnaissance du savoir-faire féminin en matière de gestion des ressources naturelles, mais aussi une maîtrise des impacts spécifiques des mauvaises pratiques adoptées par la femme et responsable de la dégradation de l'environnement.

62 - Les pays pauvres sont-ils concernés par le réchauffement climatique ?

Les pays pauvres seront les plus touchés par le changement climatique. Essentiellement victimes (à l'exception de l'Afrique du Sud, le continent africain par exemple produit peu de gaz à effet de serre), ils demandent aux pays responsables des émissions de gaz à effet de serre des compensations. Dans son rapport annuel, la Banque mondiale a indiqué que les pays à revenus élevés, responsables de 64 % des émissions de gaz à effet de serre depuis 1850, n'en supporteront les conséquences qu'à hauteur de 20 %. Les pays en voie de développement, à l'origine de 2 % seulement de ces émissions, en paieront les frais à hauteur de 80 %.

Le continent africain qui a le plus faible taux d'émissions par habitant, subira plus que tout autre l'impact du changement climatique. Les projections montrent que d'ici 2020, dans certains pays, les rendements de l'agriculture pourraient être réduits de près de 50 %. Entre 75 et 250 millions de personnes pourraient être exposées à un stress hydrique accru. La désertification et la perte de terres agricoles menacent environ 46 % de la superficie totale du continent africain.

Selon la Banque mondiale, une augmentation de 2 degrés de la température d'ici la fin du siècle mettrait entre 100 et 400 millions de personnes supplémentaires en danger de famine, et 1 à 2 milliard d'autres pourraient ne plus trouver suffisamment d'eau pour subvenir à leurs besoins.

L'institution chiffre à 325 milliards d'euros les besoins des pays en développement pour faire face au réchauffement climatique d'ici 2030, alors que seulement 5% de ce montant est disponible aujourd'hui.

63- Que veut dire Mécanismes de flexibilité ?

Les engagements souscrits par les pays développés sont ambitieux. Pour faciliter leur réalisation, le protocole de Kyoto prévoit pour ces pays, la possibilité de recourir à des mécanismes dits « de flexibilité » en complément des politiques et des mesures qu'ils devront mettre en œuvre au plan national.

Ces mécanismes sont au nombre de trois:

- le mécanisme de mise en œuvre conjointe ;
- - Le mécanisme de développement propre
- le mécanisme des permis négociables

64- Qu'appelle t-on Mécanisme de mise en œuvre conjointe ?

La mise en œuvre conjointe (MOC) est un mécanisme de financement de projets ayant pour objectif premier le stockage du carbone ou la réduction des émissions des gaz à effet de serre. Il concerne les projets industriels ou forestiers visant à lutter contre l'effet de serre et lancés tout particulièrement par la Russie et les pays d'Europe Centrale et orientale. Ces projets permettent de générer des crédits d'émission de gaz utilisables par les investisseurs.

65- Qu'entend-on par mécanisme de développement propre ?

Le Mécanisme de développement propre (MDP) a été créé dans le cadre du protocole de Kyoto afin de permettre aux pays développés de réaliser leurs objectifs en investissant dans des projets dans les pays en développement. Il est la réponse aux demandes des pays en développement d'un mécanisme financier qui appuie le développement économique en adoptant des méthodes de production plus « propres ». Contrairement à la mise en œuvre conjointe (MOC), qui vise en priorité à lancer des projets de stockage de carbone ou de réduction d'émissions, le MDP s'adresse aux besoins de financement du développement.

Le mécanisme génère des crédits d'émission sur la base de projets d'investissements dans un pays en développement. Ces projets, dont la nature reste à préciser et qui sont le fait d'investisseurs privés ou publics, déterminent des réductions d'émissions de gaz par rapport à une situation de référence. Ces crédits peuvent être stockés ou échangés et doivent faire l'objet d'un partage entre l'investisseur étranger et le pays partenaire hôte. Selon le protocole de Kyoto, ce mécanisme donnera lieu au prélèvement d'une taxe, dont l'assiette reste à définir, et qui devrait contribuer au financement des coûts d'adaptation des pays en développement au réchauffement climatique.

Les MDP ont représenté 5,4 milliards de dollars en 2006 (508 millions de tonnes économisées). Au total, 8 milliards de dollars ont été générés de cette manière depuis 2002, générant 16 milliards d'investissement global. La Chine et l'Inde sont les deux principaux vendeurs, l'Afrique étant restée largement absente avec moins de 3 % des crédits vendus.

66- Qu'entend-on par Mécanismes des permis négociables ?

Il s'agit d'un système de permis de marché d'émission. Principal mécanisme prévu par le Protocole de Kyoto, le mécanisme des permis négociables vise à encourager le plus rapidement possible l'amélioration des systèmes de production les plus polluants et les moins efficaces.

Tout effort de réduction des émissions dans de tels systèmes aura en effet un faible coût comparé à un effort de réduction dans un système déjà performant. La marge bénéficiaire, fruit de la revente des permis, reviendra donc dans un premier temps essentiellement à ceux qui amélioreront les structures les moins efficaces et les plus polluantes. Il est donc essentiel que plusieurs pays s'accordent pour maîtriser les émissions de CO2 au meilleur rapport efficacité/prix, c'est-à-dire là où les réductions d'émissions sont les moins coûteuses.

Plusieurs marchés de permis d'émission ont été mis en place à l'échelle des entreprises, des groupes d'entreprises, ou des Etats.

67- Qu'est ce que le Mécanisme REDD ?

REDD signifie la réduction d'émissions issues de la déforestation et de dégradation tropicale. C'est un mécanisme international figurant dans la déclaration de Bali adoptée lors de la COP 13 en 2007, visant à rémunérer la déforestation et la dégradation évitées. Le projet des REDD est très novateur car il permet simultanément, et de manière synergique, de lutter contre le changement climatique, de réduire la pauvreté et de sauvegarder la biodiversité. Depuis le Sommet de Bali, le principe de la REDD et de son intégration dans le cadre de la Convention- Cadre du changement climatique est admis. Les pays tropicaux vont ainsi pouvoir valoriser à travers les différents marchés du carbone, leurs efforts de REDD.

68- Qu'entend-on par peuples autochtones et quel rôle joue t-ils dans la réduction de la déforestation et la dégradation des forêts.

Les peuples autochtones ou peuples premiers ou peuples indigènes, sont les peuples descendants des premiers habitants des terres sur lesquels ils vivent. La législation internationale utilise ce mot de manière précise et l'applique à des groupes ethniques culturellement distincts, dont l'identité diffère de celle de la société à laquelle ils appartiennent. Ils tirent leurs moyens d'existence des ressources locales. Leur présence sur les terres de leurs ancêtres constitue un gage de préservation de l'écosystème.

Les principaux peuples autochtones sont :
-les pygmées des forêts du Bassin du Congo
-les Indiens d'Amazonie
-les Aborigènes d'Australie

69- Qu'est ce que le développement durable ?

Le développement durable est un développement qui répond aux besoins présents sans compromettre la capacité des générations futures de répondre aux leurs[42].

70- Quels sont les piliers à prendre en compte dans le développement durable ?

Il existe trois piliers indissociables : le pilier économique, le pilier social et le pilier environnemental.

Le pilier économique repose principalement sur :

- l'utilisation raisonnée des ressources et des milieux naturel ; une évolution des relations économiques internationales (place du commerce équitable et du commerce éthique) ;
- l'intégration des coûts environnementaux et sociaux dans le prix des biens et des services ;

Le pilier social quant à lui repose sur :

- la satisfaction des besoins essentiels de la population (santé, logement, éducation) ;
- la lutte contre l'exclusion et la pauvreté ;
- la réduction des inégalités ;
- le respect des cultures ;

Le pilier environnemental repose sur :

[42] Rapport BRUNDTLAND 1987

- la gestion durable des ressources naturelles ;
- le maintien des grands équilibres écologiques (forêts, climats, diversités biologiques) ;
- la réduction des risques et de la prévention des impacts environnementaux ;

71- Qu'est ce que l'énergie ?

C'est la capacité à fournir du travail, à donner du mouvement, ou à élever la température. Elle est obtenue par la combustion de carburant ou de combustible (pétrole, essence, gaz, gasoil, bois, charbon etc.) par l'utilisation de l'électricité ou de force naturelle comme le vent, l'eau ou le soleil.

72- Qu'est ce qu'une énergie fossile ?

L'énergie fossile désigne l'énergie que l'on produit à partir des roches issues de la fossilisation des êtres vivants (pétrole, gaz naturel et charbon). Elles sont présentes en quantité limitée et non renouvelable, leur combustion entraîne des gaz à effet de serre. Leur utilisation en tant que combustible s'est véritablement développée au cours du 19e siècle à une époque où les besoins en énergie ont fortement augmenté avec les débuts de la révolution moderne.[43]

---

[43] www.techno-sciences.net

73- Qu'est ce que les énergies renouvelables ?

Les énergies renouvelables sont fournies par le soleil (énergie solaire), par le vent (énergie éolienne), par la chaleur de la terre, les chutes d'eau, les marrées ou encore la croissance des végétaux.. Par définition, elles se renouvellent naturellement après avoir été consommées et sont donc inépuisables. Elles n'engendrent que très peu (sinon pas) de déchets et d'émissions polluantes Elles concourent à la protection de l'environnement.

74 Qu'est ce que la biomasse ?

La biomasse regroupe l'ensemble de la matière végétale susceptible d'être collectées à des fins de valorisation énergétique.

75- Qu'est ce que les biocarburants

Les biocarburants proviennent de plantes cultivées (tournesol, betterave, colza...). Les produits obtenus sont l'ETBE (Ethyl tertio butly éther) et les EMHV (Esters méthylique d'huiles végétales).

Les biocarburants sont utilisés en mélange dans les carburants traditionnels. L'ETBE est introduit dans les essences et les EMHV sont introduits dans le gazole et le fioul domestique.

L'HARMATTAN, ITALIA
Via Degli Artisti 15 ; 10124 Torino

L'HARMATTAN HONGRIE
Könyvesbolt ; Kossuth L. u. 14-16
1053 Budapest

L'HARMATTAN BURKINA FASO
Rue 15.167 Route du Pô Patte d'oie
12 BP 226 Ouagadougou 12
(00226) 76 59 79 86

ESPACE L'HARMATTAN KINSHASA
Faculté des Sciences Sociales,
Politiques et Administratives
BP243, KIN XI ; Université de Kinshasa

L'HARMATTAN GUINÉE
Almamya Rue KA 028 en face du restaurant le cèdre
OKB agency BP 3470 Conakry
(00224) 60 20 85 08
harmattanguinee@yahoo.fr

L'HARMATTAN CÔTE D'IVOIRE
M. Etien N'dah Ahmon
Résidence Karl / cité des arts
Abidjan-Cocody 03 BP 1588 Abidjan 03
(00225) 05 77 87 31

L'HARMATTAN MAURITANIE
Espace El Kettab du livre francophone
N° 472 avenue Palais des Congrès
BP 316 Nouakchott
(00222) 63 25 980

L'HARMATTAN CAMEROUN
Immeuble Olympia face à la Camair
BP 11486 Yaoundé
(237) 458.67.00/976.61.66
harmattancam@yahoo.fr

L'HARMATTAN SÉNÉGAL
« Villa Rose », rue de Diourbel X G, Point E
BP 45034 Dakar FANN
(00221) 33 825 98 58 / 77 242 25 08
senharmattan@gmail.com

633482 - Décembre 2015
Achevé d'imprimer par

Made in the USA
Monee, IL
04 November 2026

67383074R00046